BEI GRIN MACHT SICH IHR WISSEN BEZAHLT

- Wir veröffentlichen Ihre Hausarbeit, Bachelor- und Masterarbeit

- Ihr eigenes eBook und Buch - weltweit in allen wichtigen Shops

- Verdienen Sie an jedem Verkauf

Jetzt bei www.GRIN.com hochladen und kostenlos publizieren

Bibliografische Information der Deutschen Nationalbibliothek:

Die Deutsche Bibliothek verzeichnet diese Publikation in der Deutschen National-
bibliografie; detaillierte bibliografische Daten sind im Internet über http://dnb.d-
nb.de/ abrufbar.

Impressum:

Copyright © 2016 GRIN Verlag, Open Publishing GmbH
Druck und Bindung: Books on Demand GmbH, Norderstedt Germany
ISBN: 9783668335837

Sven-David Müller

Transfettsäuren, Transfettsäuregehalt in Speisefetten wie Butter und Margarine. Stellenwert von Transfettsäuren aus ernährungsmedizinischer Sicht

GRIN Verlag

GRIN - Your knowledge has value

Der GRIN Verlag publiziert seit 1998 wissenschaftliche Arbeiten von Studenten, Hochschullehrern und anderen Akademikern als eBook und gedrucktes Buch. Die Verlagswebsite www.grin.com ist die ideale Plattform zur Veröffentlichung von Hausarbeiten, Abschlussarbeiten, wissenschaftlichen Aufsätzen, Dissertationen und Fachbüchern.

Besuchen Sie uns im Internet:

http://www.grin.com/

http://www.facebook.com/grincom

http://www.twitter.com/grin_com

Stellenwert von Transfettsäuren aus ernährungsmedizinischer Sicht

Aktuelle Transfettsäureanalyse von 19 Koch- und Streichfetten aus Deutschland

von Sven-David Müller, MSc.

Kardiovaskuläre Erkrankungen wie der Myokardinfarkt oder der apoplektische Insult gehören nicht nur in Deutschland und anderen westlichen Industrieländern zu den häufigsten Todesursachen (22). Der Einflussfaktor der Ernährungs- und Lebensweise in der Pathogenese dieser Krankheiten und ihrer tödlichen Endpunkte ist wissenschaftlich bestens belegt (23). Den Nahrungslipiden kommt eine besondere Bedeutung in der Primär-, Sekundär- und Tertiär-Prophylaxe von kardiovaskulären Erkrankungen zu (24).

Abbildung 1: Herz-Kreislauf-Erkrankungen bei Männern und Frauen (32)

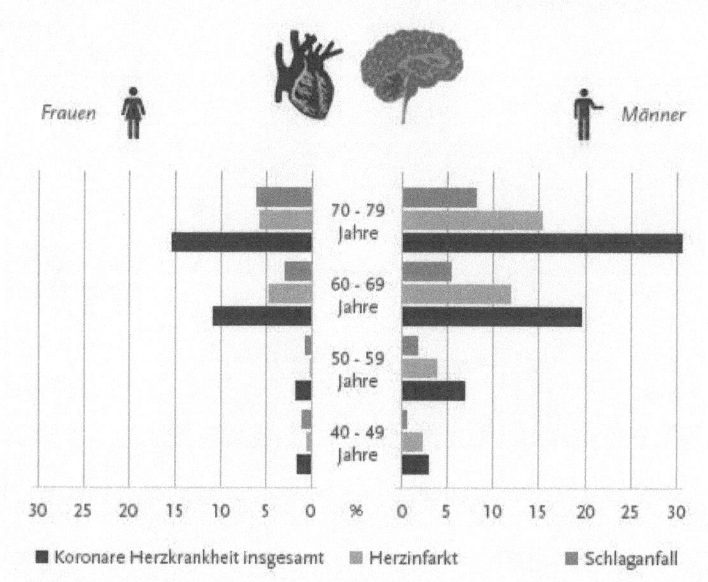

Bestimmte gesättigte Fettsäuren fördern scheinbar das Arteriosklerose-Risiko, und der Austausch von gesättigten Fettsäuren durch ein- und mehrfach ungesättigte Fettsäuren führt zu einer Reduktion des LDL-Cholesterins und damit zur Senkung des KHK-Risikos (25). Im Mittelpunkt der ernährungsmedizinischen Forschung steht das KHK-Erkrankungsrisiko, das durch die Aufnahme von einzelnen langkettigen gesättigten Fettsäuren und Transfettsäuren gefördert wird (26, 27, 29). Studien zeigen immer wieder, dass Myristat (C14:0) und Palmitat (C16:0) den LDL-Spiegel massiv steigern (27, 28). Die Aufnahme an Streichfetten in Deutschland liegt laut Nationaler Verzehrsstudie II (NVS II) bei Frauen bei insgesamt 20 Gramm (davon u. a. 10 g Butter und 7 g Margarine) und bei Männern bei 29 Gramm täglich (davon u. a. 16 g Butter und 11 g Margarine). Die mediane Gesamtfettaufnahme in Deutschland liegt bei 92 g (Männer) und 68 g (Frauen) täglich. Das entspricht einem Anteil von 36 beziehungsweise 30 Energieprozent und liegt minimal oberhalb beziehungsweise innerhalb der Empfehlungen (DACH-Referenzwerte) (30). Der Transfettsäuregehalt der Lebensmittel ist unterschiedlich und insbesondere bei Butter und tierischen Fetten sowie anderen fettreichen Lebensmitteln aus Wiederkäuerprodukten ausgesprochen hoch.

Abbildung 2: Beitrag der Lebensmittelgruppen zum Transfettsäuren-Verzehr bei Normalverzehrern und Vielverzehrern (33)

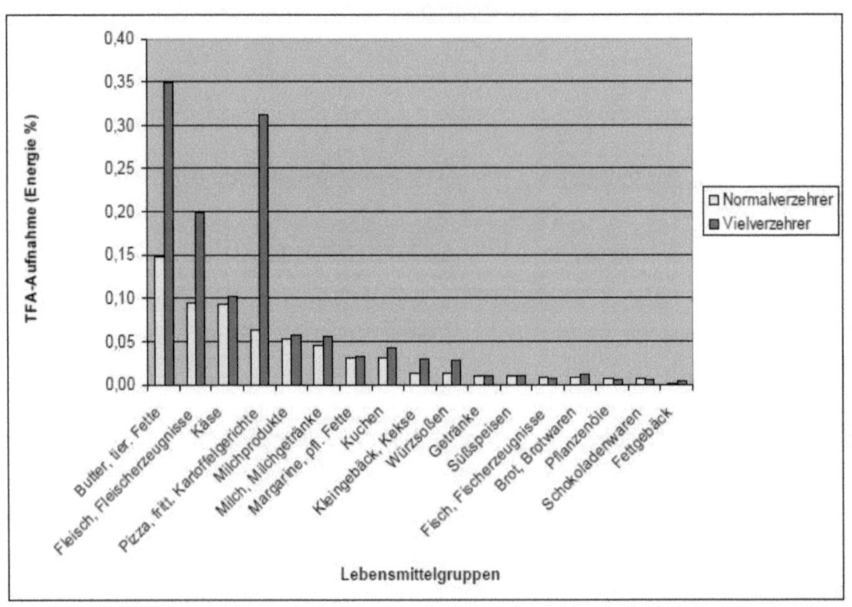

In der Literatur zeigt sich aber auch, dass Margarine und pflanzliche Fette wie Halbfettmargarine, die sich sonst durch ein gesundheitsförderliches Fettsäuremuster auszeichnen, relativ viele Transfettsäuren enthalten sollen. Ähnliche Behauptungen sind auch immer wieder in den Publikumsmedien zu vernehmen. Demgegenüber gibt es kaum Informationen über den Transfettsäuregehalt von Butter und ähnlichen tierischen Fetten. Vor diesem Hintergrund wurden im Auftrag von Sven-David Müller, Master of Science in Applied Nutritional Medicine, 19 Koch- und Streichfette hinsichtlich ihrer Zusammensetzung (Fettsäuremuster, Transfettsäuregehalt etc.) untersucht. Folgende Produkte wurden analysiert (alphabetische Auflistung):

<u>Butter und Butterprodukte (N: 9):</u>
1. Deutsche Markenbutter
2. Hansano Butter
3. Kerrygold Butter
4. Landliebe Butter
5. Meggle Butter
6. Weihenstephan Butter
7. Kerry Gold Melange
8. Kaergarden Melange
9. Butaris Butterschmalz

<u>Margarine und Margarineprodukte (N: 10):</u>
1. Alnatura Margarine
2. Alsan-S
3. Becel Classic
4. Deli für meine Familie
5. Defi Reform Margarine
6. Delikata Frühstücks-Margarine (von Aldi Nord)
7. Gut & Günstig Pflanzenmargarine (Edeka)
8. Lätta Original
9. Rama 70 %
10. Vita Dor (von Lidl)

Die Untersuchung der verschiedenen Fette wurde bei der 1986 gegründeten AGROLAB GROUP GmbH in Auftrag gegeben. Das Unternehmen ist eine Laborgruppe mit 20 Niederlassungen und rund 1.000 Mitarbeitern in Europa. Der Hauptsitz der AGROLAB GROUP befindet sich in Bruckberg. Die Laborgruppe bietet die Bereiche Agrar-, Umwelt-, Wasser- und Lebensmittelanalytik. Täglich werden in den Labors der AGROLAB GROUP rund 100.000 einzelne Parameter untersucht. Die zuvor genannten Fette wurden im Institutszentrum der LUFA-ITL in Kiel untersucht. Seit über 100 Jahren ist die LUFA-ITL insbesondere in der Lebensmittelanalytik tätig. Das Unternehmen gehört seit 2002 zur AGROLAB GROUP GmbH und hat rund 200 Mitarbeiter. Das Unternehmen ist akkreditiert und arbeitet mit anderen renommierten Einrichtungen zusammen. Das LUFA-ITL Labor hatte den Auftrag erhalten, bestimmte Nährwerte/Inhaltsstoffe und die relative Fettsäureverteilung in Prozent der Gesamtfettsäuren aus den Proben zu bestimmen. Die Methode zur Analyse war MUVA-MET 412 (kapillargaschromatografisch). Das Labor ist für die Methode akkreditiert. Im Rahmen der beauftragten Untersuchung wurden Ende 2014 die 19 Produkte hinsichtlich folgender **Nährwerte/Inhaltsstoffe** analysiert:

1. Fettfreie Trockenmasse
2. kJ pro 100 g
3. kcal pro 100 g
4. Protein (N x 6,38)
5. Kohlenhydrate
6. Wassergehalt
7. Gesättigte Fettsäuren
8. Einfach ungesättigte Fettsäuren
9. Mehrfach ungesättigte Fettsäuren
10. Davon Transfettsäuren (trans-Fettsäuren)
11. Rohasche
12. Rohfett
13. Cholesterin

Es wurde die relative Fettsäureverteilung in Prozent der Gesamtfettsäuren untersucht:

1. Buttersäure
2. Valeriansäure
3. Önanthsäure

4. Caprylsäure

5. Caprinsäure

6. Cecensäure

7. Udekansäure

8. Laurinsäure

9. Tridekansäure

10. Myristinsäure

11. Myristoleinsäure

12. Pentadekansäure

13. Palmitinsäure

14. Palmitoleinsäure

15. Magarinsäure

16. Heptadecensäure

17. Stearinsäure

18. Ölsäure

19. C18:1 (cis, außer Ölsäure)

20. C18:1 n11 trans Vaccensäure

21. C18:1 nx außer trans Vaccensäure

22. Linolsäure

23. C18:2 trans cis/trans (Linolelaidinsäure-ALA)

24. Gamma Linolensäure

25. Arachinsäure

26. Eicosensäure

27. Eicosadiensäure

28. Eicosatriensäure

29. Arachidonsäure

30. Eicosapentaensäure (EPA)

31. Behensäure

32. Erucasäure

33. Docosadiensäure

34. Docosapentaensäure (DPA)

35. Docosahexaensäure (DHA)

36. Lignocerinsäure

37. Nervonsäure

Transfettsäuregehalt in den analysierten Fetten

Die Untersuchung des LUFA-ITL Labors der AGROLAB GROUP in Kiel zeigt, dass Butter, Butterschmalz und sogenannte Melange bis zu elfmal mehr Transfettsäuren enthalten als Margarine. Der höchste Transfettsäuregehalt steckt mit 3,1 g pro 100 g in Meggle Alpenbutter, der niedrigste mit 0,28 g pro 100 g in Alnatura Margarine. Die 10 getesteten Margarine-Sorten enthielten zwischen 0,28 g und 0,81 g Transfettsäuren pro 100 g. Die 9 Butter-Produkte kamen auf 1,74 bis 3,1 g Transfettsäuren. Im Mittel lag der Gehalt bei ihnen bei 2,7 g pro 100 g und bei den Margarine-Produkten bei 0,5 g pro 100 g. Damit verbergen sich in Butter durchschnittlich fünfmal so viele Transfettsäuren wie in Margarine. Vor diesem Hintergrund lässt sich aussagen, dass die untersuchten Margarine-Sorten arm oder nahezu frei von Transfettsäuren sind und Butter, Butterschmalz und Melange relativ reich daran sind. Inwiefern sich daraus gesundheitliche Risiken oder Vorteile ableiten lassen, wird im Verlaufe dieses Beitrages beantwortet.

<u>Transfettsäuren (pro 100 g):</u>

Meggle Butter	3,1 g Transfettsäuren
Butaris Butterschmalz	2,99 g Transfettsäuren
Kerrygold Butter	2,82 g Transfettsäuren
Weihenstephan Butter	2,73 g Transfettsäuren
Landliebe Butter	2,72 g Transfettsäuren
Hansano Butter	2,55 g Transfettsäuren
Deutsche Markenbutter	2,45 g Transfettsäuren
Kerrygold Melange	1,74 g Transfettsäuren
Kaergarden Melange	1,98 g Transfettsäuren
Deli Reform Margarine	0,81 g Transfettsäuren
Delikata Frühstücks-Margarine (von Aldi Nord)	0,8 g Transfettsäuren
Rama 70 %	0,56 g Transfettsäuren
Vita Dor (Lidl)	0,56 g Transfettsäuren
Gut & Günstig Pflanzenmargarine (von Edeka)	0,59 g Transfettsäuren
Deli für meine Familie	0,64 g Transfettsäuren
Alsan-S	0,4 g Transfettsäuren (dafür aber relativ reich an gesättigten Fettsäuren)

Lätta Original	0,35 g Transfettsäuren
Becel Classic	0,32 g Transfettsäuren
Alnatura Margarine	0,28 g Transfettsäuren

Gehalt an gesättigten Fettsäuren in den analysierten Fetten

Den niedrigsten Gehalt gesättigter Fettsäuren haben Lätta Original und Becel Classic. Butaris Butterschmalz und Weihenstephan Butter haben den höchsten Gehalt an gesättigten Fettsäuren. Insgesamt sind bis auf Alsan-S alle Margarine-Sorten weniger reich an gesättigten Fettsäuren als Butter, Butterschmalz und Melange. Inwiefern sich daraus gesundheitliche Risiken oder Vorteile ableiten lassen, wird im Verlaufe dieses Beitrages beantwortet.

<u>Gesättigte Fettsäuren (pro 100 g):</u>

Butaris Butterschmalz	67,7 g
Weihenstephan Butter	56 g
Hansano Butter	55,7 g
Deutsche Markenbutter	55,6 g
Landliebe Butter	55,6 g
Meggle Butter	54,9 g
Kerrygold Butter	53,7 g
Alsan-S	41,8 g
Kaergarden Melange	37,2 g
Kerrygold Melange	35,7 g
Delikata Frühstücksmargarine	25,1 g
Vita Dor	23,9 g
Deli Reform Margarine	22,2 g
Gut & Günstig Pflanzenmargarine	21,7 g
Rama 70 %	20,3 g
Deli für meine Familie	20,1 g
Alnatura Margarine	15,7 g
Lätta Original	14,2 g
Becel Classic	8,5 g

Gehalt an einfach ungesättigten Fettsäuren in den analysierten Fetten

Den niedrigsten Gehalt einfach ungesättigter Fettsäuren haben Becel Classic und Lätta Original. Deli Reform und Vita Dor haben den höchsten Gehalt an einfach ungesättigten Fettsäuren. Insgesamt sind in den meisten Margarine-Sorten mehr einfach ungesättigte Fettsäuren enthalten als in den Butter/Buttersorten. Inwiefern sich daraus gesundheitliche Risiken oder Vorteile ableiten lassen, wird im Verlaufe dieses Beitrages beantwortet.

<u>**Einfach ungesättigte Fettsäuren (pro 100 g):**</u>

Deli Reform Margarine	41,3 g
Vita Dor	40 g
Delikata Frühstücksmargarine	38,7 g
Gut & Günstig Pflanzenmargarine	36,9 g
Deli für meine Familie	35,8 g
Rama 70 %	32,8 g
Alsan-S	27,5 g
Alnatura Margarine	26,1 g
Kaergarden Melange	26 g
Butaris Butterschmalz	24,7 g
Kerrygold Melange	21,4 g
Hansano Butter	20,4 g
Kerrygold Butter	20,4 g
Landliebe Butter	20,3 g
Weihenstephan Butter	20,2 g
Deutsche Markenbutter	20,1 g
Meggle Butter	19,7 g
Lätta Original	18,3 g
Becel Classic	10,7 g

Gehalt an mehrfach ungesättigten Fettsäuren in den analysierten Fetten

Den niedrigsten Gehalt mehrfach ungesättigter Fettsäuren haben Kerrygold Butter und Deutsche Markenbutter. Zu den mehrfach ungesättigten Fettsäuren gehören auch die essenziellen Fettsäuren Linol- und Linolensäure. Becel Classic und Deli Reform Margarine haben den höchsten Gehalt an mehrfach ungesättigten Fettsäuren. Insgesamt sind in den meisten Margarine-Sorten mehr mehrfach ungesättigten Fettsäuren enthalten als in den Butter/Buttersorten. Inwiefern sich daraus gesundheitliche Risiken oder Vorteile ableiten lassen, wird im Verlaufe dieses Beitrages beantwortet.

<u>Mehrfach ungesättigte Fettsäuren (pro 100 g):</u>

Becel Classic	21,2 g
Deli Reform Margarine	17,6 g
Rama 70 %	16,6 g
Vita Dor	16 g
Delikata Frühstücksmargarine	15,8 g
Deli für meine Familie	14,8 g
Gut & Günstig Pflanzenmargarine	14,7 g
Alnatura Margarine	14,4 g
Alsan-S	10,9 g
Kaergarden Melange	7,13 g
Lätta Original	6,49 g
Kerrygold Melange	4,45 g
Butaris Butterschmalz	2,19 g
Landliebe Butter	1,98 g
Weihenstephan Butter	1,9 g
Hansano Butter	1,89 g
Meggle Butter	1,87 g
Deutsche Markenbutter	1,8 g
Kerrygold Butter	1,77 g

Gehalt an Omega-3-Fettsäuren in den analysierten Fetten

Den niedrigsten Gehalt an Omega-3-Fettsäuren haben Deutsche Markenbutter und Hansano Butter. Becel Classic und Deli Reform Margarine haben den höchsten Gehalt an Omega-3-Fettsäuren. Insgesamt sind in den meisten Margarine-Sorten mehr Omega-3-Fettsäuren enthalten als in den Butter/Buttersorten. Inwiefern sich daraus gesundheitliche Risiken oder Vorteile ableiten lassen, wird im Verlaufe dieses Beitrages beantwortet.

<u>Omega-3-Fettsäuren (pro 100 g):</u>

Becel Classic	5,35 g
Deli Reform Margarine	4,55 g
Vita Dor	4,41 g
Delikata Frühstücksmargarine	4,08 g
Deli für meine Familie	3,89 g
Gut & Günstig Pflanzenmargarine	3,81 g
Rama 70 %	3,36 g
Alsan-S	2,9 g
Alnatura Margarine	2,75 g
Kaergarden Melange	2,13 g
Lätta Original	1,52 g
Kerrygold Melange	1,42 g
Meggle Butter	1,3 g
Kerrygold Butter	1,2 g
Weihenstephan Butter	0,58 g
Butaris Butterschmalz	0,5 g
Landliebe Butter	0,49 g
Hansano Butter	0,41 g
Deutsche Markenbutter	0,41 g

Cholesteringehalt in den analysierten Fetten

Den niedrigsten Gehalt an Cholesterin haben Becel Classic und Alsan-S. In beiden Margarinen ist kein Cholesterin nachweislich. Butaris Butterschmalz und Deutsche Markenbutter haben den höchsten Cholesteringehalt. Insgesamt sind alle Margarine-Sorten cholesterinfrei oder im Gegensatz zu Butter und Butterprodukten, die reichlich Cholesterin enthalten, extrem cholesterinarm.

Cholesterin (pro 100 g):

Becel Classic	nicht nachweisbar
Alsan-S	nicht nachweisbar
Deli Reform Margarine	< 1 mg
Rama 70 %	< 1 mg
Delikata Frühstücksmargarine	1,1 mg
Alnatura Margarine	1,1 mg
Gut & Günstig Pflanzenmargarine	1,2 mg
Lätta Original	1,4 mg
Vita Dor	1,7 mg
Deli für meine Familie	1,9 mg
Kaergarden Melange	138 mg
Kerrygold Melange	141 mg
Kerrygold Butter	199 mg
Hansano Butter	209 mg
Weihenstephan Butter	213 mg
Landliebe Butter	214 mg
Meggle Butter	215 mg
Deutsche Markenbutter	220 mg
Butaris Butterschmalz	261 mg

Was sind Transfettsäuren?

Ungesättigte Fettsäuren liegen in der Natur hauptsächlich in cis-Konfiguration vor. Durch verschiedene Prozesse (Hydrierung oder Isomerisierung) kann es zu einer Veränderung der Konfiguration der Doppelbindungen kommen: Es entstehen sogenannte Transfettsäuren. Bei ihnen befinden sich die Wasserstoffatome an den durch Doppelbindungen verknüpften Kohlenstoffatomen entgegengesetzten Seiten (Abb. 2). Die drei wichtigsten Transfettsäure-Vertreter sind die trans-Hexadecensäure, die trans-Octadecensäure und die geometrischen Isomere der Linolsäure. Der bekannteste Vertreter der letzten Gruppe ist die trans-Elaidinsäure (C 18 : 1 trans 9).

ungesättigte Fettsäuren

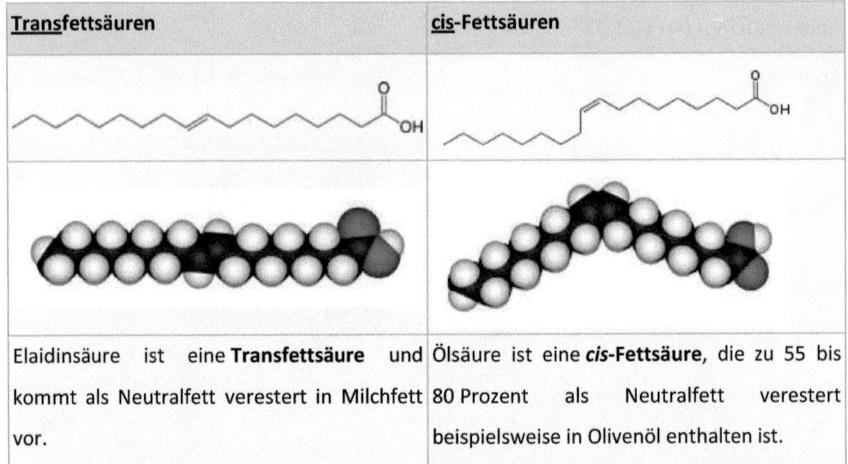

Transfettsäuren	cis-Fettsäuren
Elaidinsäure ist eine **Transfettsäure** und kommt als Neutralfett verestert in Milchfett vor.	Ölsäure ist eine *cis*-Fettsäure, die zu 55 bis 80 Prozent als Neutralfett verestert beispielsweise in Olivenöl enthalten ist.

Natürlich entstehen die Transfettsäuren durch Mikroorganismen (Bakterien), die vor allem im Pansen von Wiederkäuern (beispielsweise Rindern) vorkommen und dort die Fettsäuren aus der aufgenommenen Nahrung hydrieren. Deshalb enthalten Milch sowie das Depotfett von Wiederkäuern relativ große Mengen von Transfettsäuren. Fettes Rindfleisch sowie Butter sind daher reich an Transfettsäuren. Außerdem entstehen Transfettsäuren bei der teilweisen Hydrierung von Fetten (teilweise Fetthärtung). Auch durch starkes Erhitzen von Ölen und Fetten, z. B. beim Braten bei hohen Temperaturen, können Transfettsäuren entstehen.

Vorkommen von Transfettsäuren

Die Hauptquelle für Transfettsäuren in der Humanernährung sind Lebensmittel, bei deren Herstellung teilweise hydrierte Fette verwendet werden. Auch das Fett von Wiederkäuern trägt entscheidend zur Aufnahme bei. Lipidreiche Produkte von Wiederkäuern – insbesondere Rindern – wie Milch, Sahne und Butter sowie Rinderfett enthalten durchschnittlich 3 bis 5 % Transfettsäuren. Etwas höhere Anteile haben Lamm- und Hammelfett. In teilgehärteten Pflanzenfetten ist die Trans-Elaidinsäure die am häufigsten vertretene Transfettsäure, sie macht einen Anteil von 20 bis 30 % aller Transfettsäuren (Gew.% vom Gesamtgehalt an Fettsäuren) aus. Diese Pflanzenfette werden ausschließlich in der Backwarenindustrie verwendet. Daher werden über Gebäck auch oft große Mengen Transfettsäuren aufgenommen. Durch Umstellungen in den Produktionsprozessen sind

Haushaltsmargarinen heute arm an Transfettsäuren. Bei Diätmargarine liegt der Gehalt unter 1 Prozent – in der Regel 0,5 %. Damit ist der Gehalt in Butter bis zu zehnmal so hoch.

Butter enthält gefährlich viele Transfettsäuren: Auch natürliche Transfettsäuren schädigen die Gesundheit!

Transfettsäuren schädigen die Gesundheit deutlich mehr als gesättigte Fettsäuren. Nach Aussagen des Bundesinstituts für Risikobewertung zählen sie aus ernährungsphysiologischer Sicht zu den unerwünschten Bestandteilen unserer Nahrung (1). Alle nationalen und internationalen Fachgesellschaften sowie -organisationen bestätigen die schädliche Wirkung von Transfettsäuren natürlicher (ruminanter; die Bezeichnung stammt vom Wort Rumen (= Pansen) ab; bei der Kuh finden im Rumen durch Bakterien chemische Vorgänge statt, die zur Bildung von Transfettsäuren führen) und industrieller Herkunft. Der Großteil der in Deutschland aufgenommenen Transfettsäuren stammt aus Butter und anderen Wiederkäuer-Produkten wie Rindfleisch. Bundesweit liegt die Transfettsäure-Aufnahme erfreulicherweise noch leicht unterhalb des Grenzwertes (1, 13). Insbesondere junge Männer und Menschen, die reichlich Butter und/oder Fast Food sowie Gebäck essen, nehmen demgegenüber gefährlich viele Transfettsäuren auf (2, 13). Eine aktuelle Studie zeigt, dass Margarine (0,28 bis 0,81g/100g, (2)) deutlich weniger Transfettsäuren enthält als Butter (1,98 bis 3,1g/100g, (2)).

Vorkommen ruminanter (natürlicher) Transfettsäuren:

Butter, Butterschmalz, Sahne, Milch und Milchprodukte wie Käse, Fleisch und andere Produkte von Rind, Lamm, Ziege sowie Hirsch.

Die Europäische Behörde für Lebensmittelsicherheit (EFSA, 4 und 5), das Bundesinstitut für Risikobewertung (1), das U.S. Department of Health und Human Services/U.S. Department of Agriculture (6), die Deutsche Gesellschaft für Ernährung (3) und andere Organisationen wie das Scientific Advisory Committee on Nutrition (7) machen ausdrücklich keinen Unterschied zwischen ruminanten und nicht-ruminanten (diese entstehen bei der industriellen Lebensmittelproduktion, in der Außerhausverpflegung beispielsweise beim Frittieren und Zuhause beispielsweise durch extremes Erhitzen von Fetten) Transfettsäuren. Zudem ist es praktisch nicht möglich, zwischen Transfettsäuren aus natürlichen Quellen und solchen, die bei der Lebensmittelherstellung entstehen, zu unterscheiden (11). Transfettsäuren, ganz egal welcher Herkunft, sind gefährlich für die Gesundheit, und die Aufnahme muss deshalb unbedingt minimiert werden.

In pflanzlichen Produkten, wie Pflanzenölen oder Margarineprodukten, wurden Transfettsäuren in den letzten 20 Jahren durch technische Fortschritte in der Ölraffination, aber auch durch Weiterentwicklung der jeweiligen Rezepturen extrem reduziert. Die meisten dieser gefährlichen Transfettsäuren kommen heute in großer Menge in tierischen Lebensmitteln vor (15). Schon 30 g Butter und drei Scheiben fetter Käse enthalten 4 g gesundheitsgefährdende Transfettsäuren. Die gleiche Menge Haushaltsmargarine und drei Scheiben magerer Käse enthalten weniger als 1 g Transfettsäuren. Weltweit besteht Einigkeit darin, dass Transfettsäuren in möglichst geringer Menge, in jedem Falle aber weniger als 2 Energieprozent, aufgenommen werden sollten. Bei einem durchschnittlichen täglichen Energiebedarf von 2.000 Kilokalorien entspricht das maximal 2,2 g Transfettsäuren pro Tag. Und die stecken schon in zwei Butterbrötchen morgens, in einer kleinen Portion Pommes frites mittags und einem Butterbrot abends. Würde anstatt Butter Margarine verzehrt, läge die Transfettsäurenmenge bei weniger als 1,5 g. Das belastet das Herz-Kreislauf-System deutlich weniger, und pflanzliche Margarine enthält zudem im Vergleich zu Butter mehr lebenswichtige Fettsäuren, mehrfach ungesättigte Fettsäuren und Omega-3-Fettsäuren. Man kann daher behaupten, dass in Margarine mehr Gesundheit steckt als in Butter. Darüber hinaus enthält Butter zusätzlich auch noch Cholesterin, Milchzucker (Laktose) und Milcheiweiß. Sie hat somit ein nicht zu vernachlässigendes Allergiepotenzial und ist kein geeignetes Lebensmittel für Laktoseintolerante.

Interventionsstudien mit Transfettsäuren ruminanten Ursprungs zeigen vergleichbare Effekte auf den Cholesterin- und Triglyzeridspiegel wie industrielle Transfettsäuren. Zu diesem Ergebnis kommen auch die Analysen von sechs Studien mit ruminanten (natürlichen) Transfettsäuren und 17 Studien mit konjugierten Linolsäuren, die ebenfalls zur Gruppe der Transfettsäuren gehören (1). Sie senken das sogenannte gute Cholesterin (HDL, (8)) und erhöhen das sogenannte schlechte Cholesterin (LDL, (21)). Eine Vielzahl von Studien zeigt die Gefahren, die in ruminanten Transfettsäuren stecken: Beispielsweise konnte nachgewiesen werden, dass natürliche Transfettsäuren die Triglyzeride erhöhen (8, 10). In einer anderen Studie kam es unter einer „Butter-Diät" zu einem deutlichen Anstieg des schlechten

Cholesterins (LDL, (9)) im Vergleich zu einer „Margarine-Diät". Die EFSA kam in der Überprüfung der gesundheitlichen Auswirkungen von Transfettsäuren zu dem Ergebnis, dass Transfettsäuren – egal welcher Provenienz – das LDL und die Triglyzeride stärker als gesättigte Fettsäuren erhöhen sowie das HDL senken und damit auch das Risiko einer koronaren Herzkrankheit (KHK) steigern (11). Wissenschaftler konnten zeigen, dass das Gesundheitsrisiko mit der Aufnahmemenge ruminanter Transfettsäuren steigt (20). Aktuelle Studien weisen zudem ein erhöhtes Krebsrisiko durch tierische Transfettsäuren nach (14). Wieder andere Studien beweisen, dass die Verminderung der Aufnahme von ruminanten Transfettsäuren mit entscheidenden Gesundheitsvorteilen einhergeht (16).

Die Food and Drug Administration (FDA) beantwortet die Frage, ob Butter oder Margarine besser sei, mit der Aussage, dass Butter mehr gesättigte Fettsäuren und Transfettsäuren enthält als pflanzliche Margarine und daher vorzugsweise Margarine verwendet werden sollte (12). Ob eine spezielle Transfettsäure beispielsweise im Pansen von Rindern entsteht oder in der Fritteuse, ist irrelevant, denn beide schädigen die Gesundheit gleichermaßen. Und selbst wenn es einzelne ruminante oder industrielle Transfettsäuren gäbe, die positive Auswirkungen auf die Gesundheit hätten, lässt sich daraus sicher keine Empfehlung ableiten, diese zu verzehren, da in allen Lebensmitteln und Speisen nicht einzelne, sondern eine Mischung verschiedener Transfettsäuren vorkommen. Zum Vergleich könnte man auch den täglichen Konsum eines großen Glases Wodka empfehlen, weil Wodka eine gesundheitsförderliche Substanz enthält. In der Summe wäre dies aber selbstverständlich kontraproduktiv. Dahinter das Risiko von Sucht und schädigender Wirkung des Alkohols zu verbergen, wäre töricht, gefährlich und nur auf den Wunsch, mehr Wodka zu vermarkten, zurückzuführen. Festzuhalten bleibt, dass die aktuelle von Sven-David Müller beim LUFA-ITL Institut in Kiel beauftragte Transfettsäure-Studie ergibt, dass Butter einen sehr viel höheren Transfettsäuregehalt als pflanzliche Margarine- bzw. Ölprodukte aufweist. Vor diesem Hintergrund lässt sich wiederum die Aussage ableiten, dass es gesünder ist, Margarine zu essen – und nicht Butter. Viele Studien zeigen, dass die Verwendung von Margarine anstatt von Butter die Blutfette und/oder das kardiovaskuläre Risiko deutlich reduzieren kann (17, 18).

Die „Butterlobby" treibt es zu erstaunlichen Blüten, wenn beispielsweise behauptet wird, dass bestimmte Buttersorten reich an Omega-3-Fettsäuren seien. Der absolute Gehalt an

Omega-3 in Butter ist aber so gering, dass Butter nicht entscheidend zur Bedarfsdeckung beitragen kann; jede pflanzliche Margarine und reines Rapsöl enthalten deutlich mehr Omega-3-Fettsäuren. Man müsste rund 100 g Butter täglich verzehren und würde seinen Körper dann mit bis zu 3,1 g Transfettsäuren belasten. Das ist gefährlich viel! Selbst Weidemilchbutter aus Irland enthält keine großen Mengen an diesen gesundheitsförderlichen Fettsäuren. Das „Omega-3-Märchen" der Weidemilchbutter ist falsch und muss in „Irr"-Land verfasst worden sein! In einer hochwertigen Diätmargarine steckt sogar fast fünfmal so viel Omega-3 wie in irischer Butter, die leider relativ reich an Transfettsäuren ist. Festzuhalten bleibt, dass Butter arm an Omega-3-Fettsäuren und anderen gesunden Fetten ist, aber reich an Transfettsäuren (2). Margarine trägt dagegen entscheidend zur Omega-3-Bedarfsdeckung in der täglichen Ernährung bei.

Scheinbar ist es der Butter- und Milchlobby wichtiger, ihr „gesundes" Image mit Fehlberichterstattung zu fördern, anstatt den Verbraucher wahrheitsgemäß und auf Basis von Fakten aufzuklären. Glücklicherweise gibt es praktisch keinen seriösen Wissenschaftler, der sich vollständig der Meinung der Butter-Lobbyisten anschließt oder sie gar noch unterstützt. Der Verbraucher darf nicht mehr mit irreführenden Aussagen über Butter und andere transfettsäurereiche tierische Lebensmittel hinter das Licht geführt werden, denn für ihn geht es um sein Wohlbefinden, eine ausgewogene und gesunde Ernährung und nicht um wirtschaftliche Interessen.

Margarine hat sich positiv entwickelt

Noch vor 20 Jahren enthielt Margarine mehr Transfettsäuren. Seit vielen Jahren ist die Produktion umgestellt und es kommen prinzipiell keine teilgehärteten Fette mehr in pflanzliche Margarine. Die Streichfähigkeit erhält Margarine vielmehr durch natürlich feste Fette wie z. B. Kokosfett. Dieses wird in erster Linie mit Rapsöl gemischt. Diese Mischung enthält nur noch minimale Mengen von Transfettsäuren, sodass der Konsum von Margarine kein Transfettsäurerisiko darstellt.

Die World Health Organization (WHO) hat jüngst mit einem Bulletin weltweit für Aufregung gesorgt, das sich mit der Aufnahme gesättigter Fettsäuren beispielsweise aus Butter und ihrem Zusammenhang mit den Herz-Gefäß-Krankheiten beschäftigt (19). Die Vorteile einer pflanzenorientierten Lebensweise sind weltweit anerkannt, und die Zahl der Menschen, die sich vegetarisch umorientiert, nimmt stetig zu. Margarine liegt voll im Veggie-Trend, und natürlich gibt es auch vegane Margarine. Butter dagegen ist ein durch und durch tierisches Produkt. Ich persönlich setze auf pflanzliche Fette und Öle, denn die sind nicht nur gesund, sondern für sie müssen auch keine Tiere leiden und die Umwelt wird geschont. Der CO_2-Abdruck von Margarine beträgt 1.350 g Kohlendioxid, aber 23.800 g bei Butter.

Die Rolle von Streichfetten in der modernen Ernährung
Eine aktuelle Auswertung zu Speiseölen und Speisefetten wie Butter, Margarine und Co. der Agrarmarkt Informations-Gesellschaft (AMI) auf Basis der Daten der Gesellschaft für Konsumforschung zeigt, dass in Deutschland immer weniger Fett konsumiert wird. Insgesamt wurden 846,9 Millionen Liter Speisefette und Speiseöle von den Verbrauchern in Deutschland innerhalb eines Jahres (2013) gekauft. Das sind 18,8 Millionen Liter weniger als 2012. Aus ernährungsphysiologischer Sicht ist es bedauerlich, dass der Konsum von Butter und Butterzubereitungen nach wie vor hoch ist und die Zufuhr von hochwertigen gesunden Pflanzenölen und daraus hergestellter Margarine immer noch zu niedrig, um den Bedarf lebenswichtiger Fettsäuren zu decken.

Speisefettaufnahme		in		Deutschland:
34,7	Prozent	Butter	und	Zubereitungen	daraus
29,6		Prozent		Margarine
22,7		Prozent		Pflanzenöl

13,0 Prozent sonstige Nahrungsfette

In konkurrierenden Warengruppen fiel die Konsumzurückhaltung der Verbraucher bei Butter und Margarine zwischen 2006 und 2012 mit -21,0 % bei Margarine und mit -6,1 % bei Butter deutlich aus. Im vergangenen Jahr war das Nachfrageminus bei Speiseölen mit 0,4 % moderat. Zum Vergleich: Während die Butternachfrage um 1,5 % zulegte, schränkten die privaten Haushalte in Deutschland ihre Einkäufe an Margarine um fast 10 % ein. Der Verbrauch von Speisefetten ist in Deutschland von 2000 bis 2012 von fast 30 Kilogramm auf fast 26 Kilogramm zurückgegangen. Die Streichfett-Jahresmenge hat sich also um rund 4 Kilogramm vermindert. Dabei ist leider der Konsum tierischer Fette bei rund 10 Kilogramm stabil und der Konsum von hochwertigen Pflanzenölen und Margarine von fast 19 auf fast 15 Kilogramm rückläufig. Die Zufuhr gesättigter Fettsäuren aus tierischen Fetten ist also unvermindert hoch. Die unzureichende Zufuhr wertvoller ungesättigter Fettsäuren hat sich in den letzten Jahren aber deutlich verschlechtert.

Abbildung 3: Vergleich Butter – Margarine (laut Bundeslebensmittelschlüssel BLS (31))

Lebensmittel	Menge	Energie	Wasser	Fett	mehrfach ungesättigte Fettsäuren	Cholesterin	einfach ungesättigte Fettsäuren	gesättigte Fettsäuren
	g	kcal	g	g	g	mg	g	g
Butter	100	741,2	15,3	83,2	1,8	221	23	53,8
Margarine, Diätmargarine	100	721,6	19,1	80	34,9	1	16,8	24,2

Negative Faktoren: Cholesterin, gesättigte Fettsäuren

Positive Faktoren: Mehrfach ungesättigte Fettsäuren, einfach ungesättigte Fettsäuren

Neurale bis positive Faktoren: Einfach ungesättigte Fettsäuren

Wenn Sie sich einzelne Fette, Öle und Speisefette näher anschauen, stellen Sie fest, dass pflanzliche Fette fast immer gesünder sind als tierische Fette. Ausnahmen sind Fischöle, die der Gesundheit förderlich sind. Pflanzliche Öle sowie Margarine punkten beim Vitamingehalt. Sie versorgen den Körper beispielsweise mit Vitamin E und Vitamin D. Das Gros der Bevölkerung hat eine unzureichende Vitamin-D-Versorgung. Das führt zu Osteoporose und kann auch einen negativen Einfluss auf das Immunsystem haben sowie die Entstehung von Diabetes mellitus fördern. Insbesondere ältere Menschen leiden oft unter Vitamin-D-Mangel und seinen Folgen.

Nährwerttabelle 1: Angaben aus dem Bundeslebensmittelschlüssel BLS (31)

Lebensmittel	Menge	Energie	Wasser	Fett	Gesättigte Fettsäuren	E. ung FS	mf. ung. FS	Linols C18,2	Linolens C18,3	Vit. D	Vit. E	Vit. A	Chole st.
	g	kcal	g	g	g	g	G	g	g	Ág	mg	Ág	mg
Butter	100	741,2	15,3	83,2	53,8	23	1,8	1,2	0,4	1,2	2	653	221
Butter halbfett Milchhalbfett	100	382,6	51,9	39,8	25,5	10,9	0,9	0,6	0,2	1,4	1	360	106
Butterschmalz	100	881	0,2	99,5	62,7	26,9	2,3	1,8	0,5	1,6	3,6	883	264

Schweineschmalz/-fett	100	884,8	0	100	39	44,5	12,1	9,4	1	0	1,6	9	85
Gänsefett/-schmalz	100	884,3	0	100	27,7	57,5	10,8	9,6	1,2	0	2,7	0	100
Kokosfett	100	887,7	0	100	87,1	7	1,6	1,6	0	0	1,8	0	1
Palmöl	100	884,3	0	100	48,7	37,2	10,1	9,6	0,5	0	7,4	3550	1
Olivenöl	100	885	0	100	14,4	71,2	9,2	8,3	0,9	0	11,9	157	1
Rapsöl	100	884,3	0	100	9,2	48,9	23,5	15	8,6	0	18,9	550	2
Distelöl	100	884,3	0	100	9,5	11	75,6	75,1	0,5	0	44,9	0	0
Leinöl	100	884,3	0	100	10	19,2	67,1	14,3	52,8	0	0	0	4
Sonnenblumenöl	100	884,3	0	100	10,7	24,6	50,4	50,2	0,2	0	62,2	4	0
Walnussöl	100	884,3	0	100	10,5	19,2	65,5	52,4	12,2	0	0,4	0	1
Sojaöl	100	884,3	0	100	15,4	19,2	60,5	52,8	7,7	0	9,5	583	2
Haselnussöl	100	882,6	0,2	99,8	7,3	77,9	10,3	10,3	0	0	10	0	0
Weizenkeimöl	100	884,3	0	100	17,5	14,9	63,5	55,7	7,8	0	150,8	0	3
Sesamöl	100	885	0	100	13	40,8	42,7	42,7	0	0	0,4	0	1
Kürbiskernöl	100	884,3	0	100	17,7	28	49,7	49,2	0,5	0	3,5	0	3
Margarine Linolsäure >50%	100	709,1	19,4	80	25,7	18,8	32,8	30,9	1,8	2,5		533	1
Margarine halbfett Linolsäure 30–50%	100	361,9	56,8	40	11,2	13,8	12,9	11,4	1,5	2,5		583	4
Margarine Diätmargarine	100	721,6	19,1	80	24,2	16,8	34,9			2,5		533	1

* Berechnung mit dem Nährwertberechnungsprogramm EBIS

Transfettsäurebelastung in Deutschland

Die Daten der Nationalen Verzehrsstudie (NVS) 1991 geben eine durchschnittliche tägliche Aufnahme von Transfettsäuren von 3,4 g für Frauen und 4,1 g für Männer an. Auf Basis der letzten Erfassung der Daten der Nationalen Verzehrsstudie II von 2005 bis 2006 und Transfettsäuren-Gehaltsdaten aus der Lebensmittelüberwachung von 2008 bis 2009 lag der mittlere Transfettsäuren-Verzehr in Deutschland mit 0,77 und 0,92 Prozent deutlich niedriger. Ein erhöhter Transfettsäuren-Verzehr lag in der Altersgruppe der 14- bis 34-jährigen Männer vor. Etwa ein Drittel der Männer in dieser Altersgruppe hatten mehr Transfettsäuren aufgenommen, als das von der DGE benannte ein Prozent der Nahrungsenergie. Die Verringerung der Transfettsäurezufuhr ist auf lebensmitteltechnologische Prozesse, die Veränderung der Ernährungsgewohnheiten sowie eine Verringerung der Butter-Aufnahme und Bevorzugung hochwertiger Margarine-Sorten zurückzuführen. Die Deutsche Gesellschaft für Ernährung (DGE) e. V. empfiehlt, dass in der täglichen Ernährung möglichst wenig Transfettsäuren vorkommen sollten. Nach den D-A-CH-Referenzwerten soll der Konsum von Transfettsäuren weniger als 1% der Nahrungsenergie ausmachen. Der Konsum von Transfettsäuren ist über die Auswahl der Lebensmittel relativ leicht zu steuern. Es ist aus ernährungsmedizinischer Sicht empfehlenswert, Zurückhaltung bei frittierten Produkten (z. B. Pommes frites oder Kartoffelchips), Gebäck aus Blätterteig, Keksen, Süßwaren und Fertiggerichten zu üben und bei verpackten Lebensmitteln auf die Zutatenliste zu schauen. Gehärtete Fette und Öle müssen als solche mit der Angabe „gehärtet" ausgewiesen werden, meist geschieht das über die Bemerkungen „enthält gehärtete Fette" oder „pflanzliches Fett, z. T. gehärtet"; nur bei diesem Teilhärtungsprozess können Transfettsäuren entstehen. Diätmargarine sollte als Streichfett verwendet werden, da sie im Vergleich zu Butter arm an Transfettsäure ist.

Tab. 5 Average consumption of animal and vegetable fat (g/d and person) for women and estimated TFA intake.

Food	women			men		
	g fat/d [9]	% TFA	g TFA/d	g fat/d [9]	% TFA	g TFA/d
Milk and dairy products	28.2	3.3	0.9	33.1	3.3	1.1
Meat and meat products	27.0	0.7	0.2	40.1	0.7	0.3
Fish	1.1	0.7	0.0	1.4	0.7	0.0
Margarines	7.5	1.8	0.1	9.8	1.8	0.2
Frying fat and fried foods*	2.2	15.6	0.3	2.7	15.6	0.4
Cakes and pastries	9.1	2.3	0.2	10.2	2.3	0.2
Chocolates and sweets	3.3	1.6	0.1	3.7	1.6	0.1
Other foods (e.g. edible oils)	15.1	<0.1	<0.1	16.0	<0.1	<0.1
Total	93.5		1.9	117		2.3

* Including crisps.

Quelle (36)

Stellenwert von Transfettsäuren und Nahrungsfetten aus ernährungsmedizinischer Sicht

Noch immer gilt der Satz, dass der Durchschnittsbürger in Deutschland zu viel, zu salzig und zu fett isst. Der Ernährungsbericht 2012, den die Deutsche Gesellschaft für Ernährung im Auftrag des Bundesministeriums für Ernährung, Landwirtschaft und Verbraucherschutz (BMELV) erstellt, zeigt, dass die durchschnittliche Ernährungsweise in Deutschland nach wie vor nicht den Empfehlungen entspricht. Im Bereich der Ernährungstrends zeigt der Ernährungsbericht, der alle vier Jahre erstellt wird, im Bereich Fett einige Veränderungen auf. Leider sind die Gesamtfettaufnahme und die Aufnahme gesättigter Fettsäuren zu hoch, die Aufnahme mehrfach ungesättigter Fettsäuren – insbesondere Omega-3-Fettsäuren – zu gering und die Transfettsäurezufuhr aus tierischen Quellen ist immer noch bedenklich hoch.

Eine Ernährungsweise, die reich an Transfettsäuren ist, erhöht das LDL-Cholesterin und senkt das HDL-Cholesterin. Beide Faktoren begünstigen die Entstehung einer Arteriosklerose nachweislich. Neben der Cholesterinkonzentration steigt der Nüchternspiegel von Triglyceriden (Neutralfetten) an. Darüber hinaus gibt es Hinweise, dass auch die Lipoprotein-a-Konzentration durch die Aufnahme von Transfettsäuren zunimmt. Eine erhöhte Lipoprotein-a-Konzentration ist ein kardiovaskulärer Risikofaktor. Transfettsäuren nehmen also Einfluss auf die Entstehung von Arteriosklerose und damit auf das Risiko, an einer koronaren Herzerkrankung oder Schlaganfall zu leiden. Herz-Kreislauf-Erkrankungen wie Herzinfarkt und Schlaganfall sind nach wie vor die Haupttodesursachen in Deutschland. Vor diesem Hintergrund sind die atherogenen Transfettsäuren mit besonderer Aufmerksamkeit zu betrachten. Transfettsäuren werden in Deutschland insbesondere durch Butter und milchfetthaltige Produkte sowie frittierte Lebensmittel aufgenommen. Neue Produktionsprozesse haben dazu geführt, dass Margarine heute praktisch frei von Transfettsäuren ist. Der Ernährungsbericht ergibt, dass der Verbrauch von Butter und pflanzlichen Fetten, einschließlich Margarine, rückläufig ist und somit der Fettkonsum insgesamt rückläufig war.–Insgesamt ist aus ernährungsmedizinischer Sicht jedoch zu fordern, dass der Transfettsäure-Konsum weiter zurückzuführen ist, um das kardiovaskuläre Risiko zu senken. Damit geht die Empfehlung einher, weniger Butter aufzunehmen und auf frittierte oder vorfrittierte Produkte zu verzichten, sofern durch lebensmitteltechnologische Prozesse nicht die Transfettsäure-Entstehung reduziert ist.

Aus ernährungsmedizinischer Sicht ist eine Fettzufuhr von bis zu 35 Energieprozent Fett sinnvoll. Wichtig ist, dass ausreichend essenzielle Fettsäuren und Omega-3-Fettsäuren aufgenommen werden. Das ist nur über eine Ernährungsweise möglich, die auf Fisch (insbesondere Wild-Lachs, Makrele und Hering) und hochwertige Pflanzenöle (insbesondere Rapsöl, Leinöl und Nussöle) sowie Nüsse und Samen setzt. Milchfette sollten in größerer Menge nicht verzehrt werden. Schon im Ernährungsbericht 2014 fällt der höhere Fischverbrauch auf, der die Versorgung mit n-3 Fettsäuren verbessert. Aber die notwendige Menge ist noch lange nicht erreicht.

Im Durchschnitt essen die Deutschen zu wenig Lebensmittel pflanzlichen und zu viel Lebensmittel tierischen Ursprungs. Von den meisten Lebensmittelgruppen verzehren Männer mengenmäßig mehr als Frauen. So essen Männer etwa doppelt so viel Fleisch, Fleischerzeugnisse und Wurstwaren wie Frauen, außerdem mehr Brot, tierische und pflanzliche Fette, Backwaren, Zucker und Süßwaren. Obwohl Männer größere Mengen aus den einzelnen Lebensmittelgruppen verzehren, zeigt sich bei den Frauen insgesamt eine günstigere Lebensmittelauswahl, da Frauen mehr Obst und unerhitztes Gemüse essen und mehr Wasser sowie Kräuter- und Früchtetee trinken. Nicht nur zwischen Männern und Frauen, sondern auch zwischen jüngeren und älteren Personen finden sich Unterschiede im

Lebensmittelverzehr. Sowohl bei Männern als auch bei Frauen im Alter von über 51 Jahren lässt sich eine günstigere Lebensmittelauswahl im Vergleich zu den jüngeren Altersgruppen beobachten. Die 51- bis 80-Jährigen essen mehr Fisch, Obst, Gemüse und Kartoffeln, aber weniger Fleischerzeugnisse und Wurstwaren, trinken weniger Fruchtsäfte und Nektare sowie Limonaden, aber auch weniger Wasser als die Jüngeren.

Nahrungsfett in der Praxis?

Was beim Frühstück und Abendessen auf den Tisch kommt, ist ernährungsmedizinisch betrachtet nicht nur reine Geschmackssache. Denn Butter und Margarine unterscheiden sich sowohl hinsichtlich ihres Ursprungs und vor allem in der Zusammensetzung. Das aus hochwertigen Pflanzenölen wie Rapsöl hergestellte Pflanzenfett ist aus ernährungsmedizinischer Sicht sozusagen eine Wohltat für Herz und Gefäße. Besonders gut ist dabei Diätmargarine, da sie praktisch keine Transfettsäuren enthält. Viele Menschen greifen zu Margarine, weil sie der Meinung sind, dadurch Kalorien einzusparen. Aber das ist falsch: Die beiden Streichfette Butter und Margarine unterscheiden sich kaum im Energie- oder Fettgehalt (vgl. Nährwerttabelle 1). Beide haben – außer reduzierte Produkte mit einem veränderten Fettanteil – einen Fettgehalt von rund 80 Prozent. Auch wenn Margarine etwas weniger Fett und damit Kalorien enthält als Butter, ist das nicht der wichtigste Punkt, warum Gesundheitsbewusste zum hochwertigen Pflanzenfett greifen sollten.

Ungesättigte Fettsäuren in der Margarine

Margarine wird aus pflanzlichen Ölen gewonnen und ist reich an ein- und mehrfach ungesättigten Fettsäuren sowie Omega-3-Fettsäuren. In Deutschland wird hochwertige Haushaltsmargarine überwiegend aus hochwertigem Rapsöl hergestellt. Margarine wächst sozusagen auf den Feldern in Deutschland. Einige der lebensnotwendigen Fettsäuren können vom menschlichen Organismus nicht selbst hergestellt und müssen somit über die Nahrung aufgenommen werden.

Einfluss von Nahrungsfetten auf die kognitive Leistungsfähigkeit

Die Fettqualität oder die Tatsache, ob überwiegend gesättigte oder ungesättigte Fettsäuren aufgenommen werden, beeinflusst die Aktivität von Körper und Geist. Das ist das Ergebnis einer Studie der Universitätsklinik Tübingen. Das vermehrte Verzehren von Lebensmitteln, die wie Butter reich an gesättigten Fettsäuren sind und eine hohe Energiedichte haben, wird in Kombination mit körperlicher Inaktivität als Hauptursache für Übergewicht und die Entstehung von Diabetes mellitus vom Typ 2 angesehen. Aber gesättigte Fettsäuren haben auch Einfluss auf die Leistungsfähigkeit des Gehirns: Im Rahmen einer Studie der Medizinischen Universitätsklinik Tübingen wurde der ersten Gruppe von Testpersonen über einen Zeitraum von drei Monaten mit Milchfett angereicherter Joghurt verabreicht. Eine zweite Versuchsgruppe hat mit Rapsöl angereicherten Joghurt zu sich genommen, das einen hohen Anteil an ungesättigten Fettsäuren hat. Zwar konnte bei der ersten Versuchsgruppe keine Veränderung des Körpergewichts und der Blutfettwerte festgestellt werden. Aber im Vergleich zu der zweiten Testgruppe kam es zu einer Verminderung der Aktivität verschiedener Regionen des Gehirns. Das betraf vor allem die Gehirnregionen, die für das Bewegungsverhalten, das Gedächtnis und das Sättigungsgefühl zuständig sind.

Einfluss von gesättigten Fettsäuren auf die Fruchtbarkeit

Aber gesättigte Fettsäuren machen nicht nur dick und das Gehirn träge: Eine zu fettreiche Ernährungsweise kann sich negativ auf die Fruchtbarkeit des Mannes auswirken. Das ist das Ergebnis einer Studie eines Forscherteams aus Boston, Massachusetts (USA). Bei den Probanden, die am meisten gesättigte Fettsäuren verzehrt hatten, war die Spermien-Konzentration (Fruchtbarkeit) im Ejakulat um bis zu 38 Prozent niedriger als bei den Studienteilnehmern mit einem durchschnittlichen Fettverzehr. Die Gesamtzahl der Spermien war sogar um bis zu 43 Prozent niedriger. Im Rahmen der Studie wurden die Daten von insgesamt 99 Probanden mit einem Durchschnittsalter von 36,4 Jahren ausgewertet. Davon waren 71 Prozent übergewichtig. Die Testpersonen gaben den Wissenschaftlern Auskunft über ihre Ernährungsweise. Daraus ermittelten die Forscher deren Konsum an gesättigten und ungesättigten Fettsäuren. Gesättigte Fettsäuren sind reichlich enthalten in Butter und Butterschmalz. Margarine ist arm an gesättigten Fettsäuren. Paare mit Kinderwunsch sollten daher auf Butter verzichten und besser Rapsöl und Margarine als Brat- und Streichfett verwenden. Studienleiterin Professor Dr. Jill Attaman von der Harvard Medical School und ihre Kollegen schrieben zu ihrer Untersuchung in der Fachzeitschrift Human Reproduction: „Unseres Wissens ist das die bislang größte Studie, die den Einfluss von Nahrungsfetten auf die männliche Fruchtbarkeit untersucht." (34)

Umweltbilanz von Butter

Bei der Nutztierhaltung, die für die Produktion von Butter erforderlich ist, entstehen reichlich klimaschädliche Gase. Diese sind für den Kohlendioxid-Fußabdruck verantwortlich, dessen Werte für das Milchfett Butter dreimal so hoch sind wie die von Margarine, für die keine Tierhaltung nötig ist. Daher ist Butter eine kleine Umweltsünde. Das für Margarine notwendige Rapsöl wächst auf den Feldern und nimmt nicht den umweltschädigenden Umweg über Kuhverdauungstrakte.

Zusammenfassung: Aktuelle Empfehlungen für den Speisefettkonsum

Der Stellenwert von Nahrungsfetten in der Entstehung, Behandlung und natürlich auch Vorbeugung von verschiedenen Erkrankungen ist wissenschaftlich anerkannt. Insbesondere bei kardiovaskulären Krankheitsbildern spielen die Qualität und auch die Quantität der aufgenommenen Nahrungsfette eine herausragende Rolle. Ein Risiko für die Gesundheit scheinen vor dem bisherigen Kenntnisstand insbesondere einige gesättigte Fettsäuen und in besonderer Ausprägung Transfettsäuren zu bedingen. In einer Untersuchung aus dem Jahr 2014 wurden 19 Koch- und Streichfette hinsichtlich ihres Fettsäuremusters, des Gehalts an Transfettsäuren sowie anderer Inhaltstoffe vom Institutszentrum der LUFA-ITL in Kiel analysiert. In der Auswertung zeigte sich, dass Margarine und Margarineprodukte arm oder nahezu frei von Transfettsäuren demgegenüber Butter und Butterprodukte relativ reich an Transfettsäuren sind.

Transfettsäuren sind ungesättigte Fettsäuren mit einer oder mehreren Doppelbindungen in der sogenannten „Trans-Konfiguration". Sie entstehen durch natürliche (beispielsweise Butter) sowie durch lebensmitteltechnologische Prozesse (Erhitzung). Die Industrie reagierte mit neuen Technologien, um den Gehalt der Transfettsäuren in Lebensmitteln zu senken. Der Margarine-Industrie ist es gelungen, den Transfettsäuregehalt zu minimieren. Das Bundesinstitut für Risikobewertung (BfR) hat eine Leitlinie zur Minimierung von Transfettsäuren in Lebensmitteln herausgegeben (35). Erstmals wurde in den D-A-CH-Referenzwerten für die Nährstoffzufuhr 2000 ein Richtwert für die Aufnahme von Trans-Fettsäuren benannt. Weniger als 1 Energieprozent sollen über Transfettsäuren aufgenommen werden. Das entspricht bei einer Energieaufnahme von 2.000 Kilokalorien maximal 2,2 Gramm Transfettsäuren. In Dänemark gibt es sogar gesetzlich festgelegte

Obergrenzen für den Transfettsäurengehalt in Lebensmitteln und auch in den USA werden derzeit Maßnahmen zur „Verbannung" der Transfettsäuren diskutiert. Eine vollständige Verbannung wäre nur möglich, wenn keinerlei Milchfett aufgenommen würde und lebensmitteltechnologische Prozesse entwickelt würden, die die Entstehung von Transfettsäuren ausschließen. Das ist kaum zu erreichen. Aber schon der Ersatz von Milchfetten durch Pflanzenfette sowie die Meidung von transfettsäurereichen Lebensmitteln wie frittierten Produkten ermöglicht eine deutliche Reduktion der Transfettsäurebelastung.

Es ist nicht auszuschließen, dass ruminante Transfettsäuren in der Butter ein gesundheitliches Risiko darstellen. Zudem kann Butter den menschlichen Organismus weder ausreichend mit ungesättigten Fettsäuren noch mit lebensnotwendigen Fettsäuren versorgen. Margarine und Butter unterscheiden sich in ihren Vollfett-Varianten mit 80 zu 82 Gramm Fett pro 100 Gramm hinsichtlich des Kaloriengehalts nicht wirklich. Butter ist lediglich minimal fettreicher als Margarine. Die Zusammensetzung der Fette macht jedoch einen großen Unterschied: Margarine enthält, da aus Pflanzenölen hergestellt, zum größten Teil ungesättigten Fettsäuren. Butter enthält vorwiegend gesättigte Fettsäuren. Sie enthält zudem relativ viele Transfettsäuren. Sie können die Fettstoffwechselparameter wie LDL-Cholesterin im Blut negativ beeinflussen.

Vor dem Hintergrund der aktuellen Koch- und Streichfett-Analyse ist die die Verwendung von hochwertigen pflanzlichen Fetten, wie sie in Nüssen (insbesondere Walnüsse), Pistazien, Mandeln, Samen, Ölen (insbesondere Raps-, Lein- oder Walnussöl), Fischöl aus Lachs, Makrele und Hering sowie in handelsüblicher pflanzlicher Margarine mit der Hauptzutat Rapsöl im Fettanteil aus prophylaktischen und therapeutischen Gründen sinnvoll. Butter oder tierisches Schmalz sollte demgegenüber aufgrund des hohen Gehalts an Transfettsäuren, gesättigten Fettsäuren sowie dem Mangel an essenziellen Fettsäuren, Omega-3-Fettsäuren sowie mehrfach ungesättigten Fettsäuren insgesamt, gemieden werden.

Autor:

Sven-David Müller, Master of Science in Applied Nutritional Medicine (Angewandte Ernährungsmedizin)

Staatlich anerkannter Diätassistent und Diabetesberater der Deutschen Diabetes Gesellschaft (DDG)

1. Vorsitzender des Deutschen Kompetenzzentrum Gesundheitsförderung und Diätetik e.V.

Heinersdorfer Straße 38

12209 Berlin-Lichterfelde

www.svendavidmueller.de

www.dkgd.de

sdm@svendavidmueller.de

Literatur/Quellen:

Diätetik und Ernährungsberatung, Hrsg. Eva Lückerath und Sven-David Müller, Haug Verlag, 2015

Berufs- und Beratungspraxis für Diätassistenten und Ernährungswissenschaftler, Hrsg. Sven-David Müller, Mainz Verlag Aachen, 2015

Quellen/Literatur

(1): http://www.bfr.bund.de/cm/343/trans_fettsaeuren_sind_in_der_ernaehrung_unerwuenscht_zu_viel_fett_auch.pdf

(2): Die große Transfettsäure Studie, Kühe würden Margarine kaufen, Sven-David Müller, Schlütersche Verlagsgesellschaft, Hannover, S 35-53, 2015

(3): https://www.dge.de/wissenschaft/leitlinien/leitlinie-fett/

(4): http://www.efsa.europa.eu/de/press/news/nda040831.htm

(5): http://www.efsa.europa.eu/de/efsajournal/pub/1461.htm

(6): http://www.cnpp.usda.gov/sites/default/files/nutrition_insights_uploads/Insight44.pdf

(7): https://www.gov.uk/government/uploads/system/uploads/attachment_data/file/339359/SACN_Update_on_Trans_Fatty_Acids_2007.pdf

(8): http://www.ncbi.nlm.nih.gov/pubmed/9470169

(9): http://www.ncbi.nlm.nih.gov/pubmed/8445333

(10): http://www.ncbi.nlm.nih.gov/pubmed/9470169

(11): http://www.efsa.europa.eu/de/efsajournal/doc/81.pdf

(12): https://web.archive.org/web/20080413055109/http://vm.cfsan.fda.gov/~dms/qatrans.html

(13): http://www.bmel.de/SharedDocs/Pressemitteilungen/2012/184-Leitlinien-zur-Minimierung-von-Transfettsaeuren.html

(14): http://www.ncbi.nlm.nih.gov/pubmed/22821174

(15): http://www.ncbi.nlm.nih.gov/pubmed/9149659

(16): http://www.ncbi.nlm.nih.gov/pubmed/11253967

(17): http://www.ncbi.nlm.nih.gov/pubmed/8616303

(18): http://www.ncbi.nlm.nih.gov/pubmed/9771853

(19): http://www.who.int/bulletin/volumes/86/7/08-053728/en/

(20): http://www.ncbi.nlm.nih.gov/pubmed/18326596

(21): http://www.ncbi.nlm.nih.gov/pubmed/20209147

(22): http://www.rki.de/DE/Content/Gesundheitsmonitoring/Themen/Chronische_Erkrankungen/HKK/HKK_node.html

(23):
https://www.destatis.de/GPStatistik/servlets/MCRFileNodeServlet/DEMonografie_derivate_00000153/Gesundheit_und_Krankheit_im_Alt
er.pdf%3Bjsessionid=756BDD3B1DEDADFFE9C287CA17413B89

(24): https://www.dge.de/fileadmin/public/doc/ws/ll-fett/v2/Gesamt-DGE-Leitlinie-Fett-2015.pdf

(25): https://www.dge.de/wissenschaft/weitere-publikationen/fachinformationen/niedriges-ldl-und-hohes-hdl-cholesterol-senken-das-
risiko-fuer-kardiovaskulaere-ereignisse/

(26): https://www.dge.de/wissenschaft/weitere-publikationen/fachinformationen/trans-fettsaeuren/

(27): https://www.rosenfluh.ch/media/ernaehrungsmedizin/2008/04/Fette-mit-gesaettigten-Fettsaeuren.pdf

(28): http://atvb.ahajournals.org/content/14/4/567.full.pdf

(29): http://www.nejm.org/doi/full/10.1056/NEJM199008163230703

(30): https://www.bmel.de/SharedDocs/Downloads/Ernaehrung/NVS_ErgebnisberichtTeil2.pdf?__blob=publicationFile

(31): https://www.mri.bund.de/de/service/datenbanken/bundeslebensmittelschluessel/

(32): http://www.rki.de/DE/Content/Gesundheitsmonitoring/Themen/Chronische_Erkrankungen/HKK/HKK_node.html

(33): http://www.bfr.bund.de/cm/343/hoehe-der-derzeitigen-trans-fettsaeureaufnahme-in-deutschland-ist-gesundheitlich-
unbedenklich.pdf

(34): http://humrep.oxfordjournals.org/content/early/2012/03/08/humrep.des065.short

(35): http://www.bmelv.de/SharedDocs/Downloads/Ernaehrung/Rueckstaende/Trans-
Fettsaeuren/TFA_Inhalt.pdf%3F__blob%3DpublicationFile

(36): Contents of trans fatty acids in German foods and estimation of daily intake" Fett/Lipid 99 (1997), Nr. 9, S. 314-318